Impressum:

Copyright © 2014 GRIN Verlag, Open Publishing GmbH
Druck und Bindung: Books on Demand GmbH, Norderstedt Germany
ISBN: 978-3-668-09140-5

Simon Schweihoff

Virtuelle Kraftwerke und dezentrale Energieversorgung

GRIN Verlag

FOM Hochschule für Oekonomie & Management

Studienstandort Essen

Berufsbegleitender Studiengang zum Bachelor of Arts

in Business Administration

5. Semester

Seminararbeit

im Fach Energiesektor

Virtuelle Kraftwerke und dezentrale Energieversorgung

Autor: Simon Schweihoff

Bochum, den 15.01.2014

Inhaltsverzeichnis

Abbildungsverzeichnis

Tabellenverzeichnis

Abkürzungsverzeichnis

BDEW	Bundesverband der Energie- und Wasserwirtschaft
BHKW	Biomasseheizkraftwerk
BNetzA	Bundesnetzagentur
EE	Erneuerbare Energien
EEG	Erneuerbare-Energien-Gesetz
EVU	Energieversorgungsunternehmen
IKT	Integrierte Informations- und Kommunikationstechnologie
PV	Photovoltaik
PWC	PricewarterhouseCoopers Aktiengesellschaf Wirtschafts-prüfungsgesellschaft
ÜNB	Übertragungsnetzbetreiber
VDE	Verband der Elektrotechnik e.V.
VK	Virtuelle(s) Kraftwerk(e)
VKU	Verband kommunaler Unternehmen e.V.

1   Einleitung

Im Zuge neuer Rahmenbedingungen, die durch das Energiekonzept der Bundesregierung im September 2010 und das Energiepaket von Juni 2011 beschlossen wurden, steht Deutschland vor der Herausforderung, erneuerbare Energien (EE) im deutschen Strommarkt zu fördern und zu integrieren. Dieser Ausbau der erneuerbaren Energien soll dabei umweltschonend, bezahlbar, aber auch zuverlässig stattfinden. Die Integration erneuerbarer Energien bedarf demnach einer gewissen Planbarkeit, d.h. einer möglichst genauen Nachfrageprognose zur Sicherstellung eines gleichmäßigen Stromangebotes, welches letztlich sehr hohe, aber auch negative Preise ausschließen soll.

In Deutschland wächst stetig das Angebot an EE im Sinne von dezentralen Energieanlagen, die in Verbindung mit lukrativen Vermarktungsmodellen wie z.B. dem Marktprämienmodell gefördert werden. Neue dezentrale Energieversorgung mit EE bedeutet zurzeit noch eine sehr ungenaue Planbarkeit und erhöht die Gefahr von einem zu stark schwankendem Energieangebot bis hin zu einem deutschlandweiten Blackout. Ein solches entsteht durch ein Ungleichgewicht von bereitgestellter und nachgefragter Energie. Um diese Schwankungen im deutschen Strommarkt zu vermeiden, aber gleichzeitig den Anteil EE weiter zu erhöhen, zu integrieren und zu sichern, könnte die Verknüpfung dezentraler Energieanlagen von beispielsweise Biomasse-, Wind-, Wasser- und Solarkraftwerken zu einem virtuellen Kraftwerk (VK) einen Lösungsansatz darstellen. Diese Verknüpfung dezentraler Energieanlagen soll Synergieeffekte hervorheben, welche in Kombination durch genaue Prognosen des Strombedarfs, des Wetters und der Verfügbarkeit der Energieanlagen ermöglicht, ein gleichmäßiges Stromangebot anzubieten. So könnten verschiedene Konzepte, die bisher von konventionellen Anlagen verfolgt werden, in Zukunft von verknüpften dezentralen Energieanlagen in einem VK erfolgen, worunter beispielsweise. die Regelleistung oder das Peak-Shaving fallen.

Zunächst gilt es jedoch herauszustellen, wie sich die Angebotsstruktur des deutschen Strommarktes in den letzten Jahren entwickelt bzw. verändert hat und welche Arten von dezentralen Energieanlagen in Deutschland eingesetzt werden. Daraus entwickelt sich die Fragestellung, welche Möglichkeiten VK bieten, diverse dezentrale Energieanlagen in einer zentralen Steuerung zusammenzuschließen und welche Betriebs- und Vermarktungskonzepte dadurch verfolgt werden können. EE stehen zurzeit auf dem Prüfstand und sollen in Zukunft als Ersatz bestehender Großanlagen fungieren. Inwieweit sich dieser Zusammenschluss von Energieanlagen zu einem VK lohnt und ob diese sich gegen konventionelle Kraftwerke am Markt in Zukunft behaupten können, gilt es zu klären.

2   Dezentrale Energieversorgung

Der Zuwachs EE bedeutet gleichzeitig den Zuwachs von dezentralen Energieanlagen. Wie es zu dem Wechsel von der zentralen zur dezentralen Energieversorgung gekommen ist und warum sich dafür gerade die EE qualifizieren, wird im folgenden Kapitel dargestellt.

2.1   Liberalisierung des deutschen Strommarktes

Noch bis Ende der 90er Jahre war der Strommarkt durch eine monopolistische, zentrale Struktur geprägt. Energieversorgungsunternehmen (EVU) konnten mit sicheren Einnahmen rechnen und richteten ihren Fokus auf die Versorgungssicherheit. Damit war eine stabile Stromversorgung gegeben, der Anspruch auf eine kostengünstige Stromproduktion sowie eine Weiterentwicklung der Energieanlagen, ging jedoch verloren.[1]

Durch die Binnenmarktrichtlinie für Elektrizität, die von der Europäischen Kommission im Februar 1997 in Kraft getreten ist, konnte die Liberalisierung eingeleitet werden. Mithilfe des Gesetzes zur „Neuregelung des Energiewirtschaftsrechts" wurde das Energiewirtschaftsgesetz (EnWG) novelliert.[2]

„Zweck des Gesetzes ist eine möglichst sichere, preisgünstige, verbraucherfreundliche, effiziente und umweltverträgliche leistungsgebundene Versorgung der Allgemeinheit mit Elektrizität und Gas, die zunehmend auf erneuerbaren Energien beruht."[3]

Man erkennt an diesen Zusammenhängen, dass die Liberalisierung des deutschen Strommarktes für mehr Wettbewerb und mehr EE spricht. Auf der anderen Seite sinkt derzeit die Versorgungssicherheit eben durch den Zuwachs an EE.

---

[1] Vgl. Brasche, U, (2008), S. 105.
[2] Vgl. Ridder, N. (2003), S. 23ff.
[3] EnWG, BGBl. I 2005, S. 1554, vom 26. Juli 2011, in Kraft getreten am 4. August 2011, Teil 1 – Allgemeine Vorschriften, § 1.

2.2　Dezentrale Energieanlagen

Der Anteil an dezentralen Energieanlagen gegenüber Großkraftwerken[4] nimmt in Deutschland weiter zu.

Gemeint sind mit dezentralen Energieanlagen insbesondere:[5]

- Windenergieanlagen
- Photovoltaikanlagen
- Biogas- oder Blockheizkraftwerke
- Kleinere Wasserkraftwerke
- Brennstoffzellen für Wasserstoff oder Erdgas

Für diese Entwicklung dezentraler Energieanlagen können zwei Gründe aufgeführt werden. Auf der einen Seite kommt es im Zuge der Liberalisierung zu einem steigenden Bedarf an Versorgungssicherheit, wodurch viele kleinere Unternehmen, wie z.B. kleine Stadtwerke, als Wettbewerber im Markt gegenüber den großen Elektrizitäts-Versorgungs-Unternehmen (EVU) agieren werden. Diese werden sich hauptsächlich auf kleineren Märkten bewegen, also Nischenprodukte wie z.B. „Green Energy" oder „Öko-Power" anbieten, um gegen die großen EVU konkurrenzfähig zu bleiben. Diese und weitere Energiedienstleistungen wie das „Contracting" von Wärme und Strom, Entsorgungsdienstleistungen und die Schaffung vollkommener Eigenversorgung können vor allem mithilfe von kleinen und flexiblen Energieanlagen umgesetzt werden. EE sind aufgrund der geringen Energiedichte nur dezentral, also vor Ort sinnvoll. Auf der anderen Seite drängt die Gesellschaft und Politik auf den Einsatz regenerativer Energieträger und möchte nicht nur aufgrund der schwindenden Akzeptanz von Großkraftwerken wie Kohle- oder Kernkraftwerken, sondern auch aufgrund der derzeitigen Abhängigkeit fossiler Brennstoffe wie Kohle und Erdgas anderen Ländern gegenübertreten und den Einsatz von fossil erzeugter Energie reduzieren. Für diese Herausforderung, also die Dezentralisierung durch EE und den Wettbewerb gegen zentrale Energieanlagen, müssen die jeweiligen Vorteile der Erzeugungsanlagen genutzt und weitere innovative Technologien entwickelt werden.[6]

---

[4] „Unter Großkraftwerken werden vor allem große Kernkraftwerke, Kohlekraftwerke, Gaskraftwerke und Wasserkraftwerke verstanden."
[5] Vgl. RP-Energie-Lexikon (2013), www.energie-lexikon.info.
[6] Vgl. Karl, J. (2006), S. 401-403.

Die Liberalisierung des deutschen Strommarktes zeigt, dass die künftige Stromer-zeugung durch eine Vielfalt an dezentralen Energieanlagen erfolgen sollte, wodurch der Strombedarf an bestehenden Großkraftwerken sinkt.

Verstärkt wird diese Variation an vielen dezentralen Energieanlagen durch die ge-ringe Energiedichte. So müssen individuelle Lösungen für diese charakteristisch verschiedenen Anlagen geschaffen werden, indem die jetzigen Nutzungstechniken zur Bereitstellung von Energie die volle Leistung aus diesen ziehen.[7]

---

[7] Vgl. Kaltschmitt, M., Streicher, W., Wiese, A. (2006), S. 11.

3 Virtuelle Kraftwerke

Nachdem in Kapitel 2 ein Überblick über die Liberalisierung des deutschen Strommarktes und ein Grundverständnis über dezentrale Energieanlagen gegeben wurde, wird in diesem Kapitel zunächst der Begriff des VK definiert. Es folgt in Kapitel
3.2 die Betrachtung, welche Möglichkeiten Smart Grids für die Verknüpfung, Integration und die Steuerung solch dezentraler Energieanlagen zu einem VK bieten.
Durch den Aufbau eines VKs werden bestimmte Ziele verfolgt, die sich auf die
Ausgestaltung und die Betriebsstrategie auswirken. Im letzten Punkt sollen daher
verschiedene Möglichkeiten bzw. Typen von VK aufgezeigt werden.

3.1 Begriffsdefinition

Unter einem VK, auch Verbundkraftwerk genannt, wird die virtuelle Verknüpfung
kleinerer, verteilter dezentraler Energieanlagen verstanden, die unter einer zentralen Steuerung zu einem großen Kraftwerk, einem Verbund, zusammengeschaltet
werden.[8]

Die Bezeichnung virtuell meint die zentralisierte Steuerung durch ein speziell ent-
wickeltes IT-System zur Steuerung und Fernüberwachung der meist gemischten
Erzeugungsarten. Ziel mit VK ist es, Synergieeffekte, also mögliche Vorteile aus
den verschiedenen, meist bunt gemixten Energieanlagen wie z.B. Windkraftwerke,
Solarkraftwerke, Wasserkraftwerke und Biomassekraftwerke zu gewinnen. Wenn
beispielsweise mittags die Photovoltaik-Anlagen (PV) durch viel Sonnenenergie im
System einspeisen können und kein Wind weht, kommt der benötigte Strom aus
den PV-Anlagen.[9]

Durch Dezentralisierung sollen die örtlichen Stärken einzelner dezentraler Energieanlagen genutzt werden, während gleichzeitig Stärken durch die Zentralisierung
umgesetzt werden. Ein Smart Grid ist die Voraussetzung für eine solche Steuerung
und Betreibung des Monitorings über die Lastwarte und wird im folgenden Unter-
kapitel, bezogen auf die Vernetzung dezentraler Energieanlagen, beschrieben.

---

[8] Vgl. Kamper, A. (2010), S. 25-26.
[9] Vgl. PWC (2010), S. 13.

3.2   Verknüpfung, Integration und Steuerung dezentraler Energieanlagen

3.2.1 Smart Grids

Dezentralisierung erneuerbarer Energieanlagen im deutschen Strommarkt und dessen Zentralisierung in einem Verbundkraftwerk inklusive der anschließenden Vermarktung bedeuten hohen Kommunikationsaufwand im immer volatiler werdenden Strommarkt. So kommt es zu einem wachsenden Daten- und Informationsvolumen, welches die Basis für den Austausch der Marktakteure, Erzeuger und Verbraucher untereinander darstellt. Ein Smart Grid, auch intelligentes Netzwerk genannt, sammelt alle notwendigen Informationen durch die integrierte Informations- und Kommunikationstechnologie (IKT) und verbindet alle Akteure des Energiesystems durch ein Kommunikationsnetzwerk. So sind beispielsweise das Verbrauchs- und Einspeiseverhalten aller Nutzer und Erzeuger im Smart Grid integriert, die mit diesem in Verbindung stehen.[10]

In der folgenden Abbildung soll ein beispielhafter schematischer Aufbau eines VK in Verbindung mit einem Smart Grid grafisch dargestellt werden.

Abbildung 1: Smart Grids zur Steuerung eines virtuellen Kraftwerks

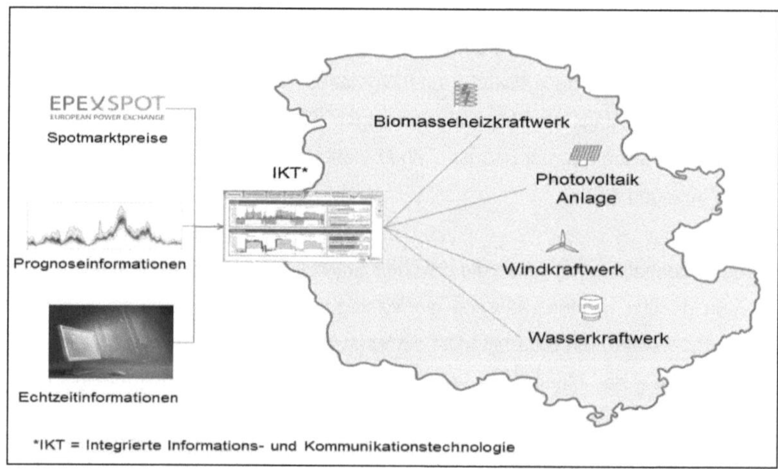

In Anlehnung an: Fraunhofer Institut für Windenergie und Energiesystemtechnik (2012), S. 4 ff.

---

[10] Vgl. BDEW (2011), S. 3.

Das Smart Grid, hier als IKT dargestellt, ist mit den dezentralen Energieanlagen (Biomasseheizkraftwerk, Photovoltaik-Anlage, Windkraftwerk, Wasserkraftwerk) und verschiedenen Informationssystemen wie z.B. Spotmarktpreise der Börse, Prognoseinformationen für die nächsten Tage und Echtzeitinformationen verknüpft. Während die Spotmarktpreise die Entwicklung der Preise an einem Handelstag darstellen, sollen Prognoseinformationen helfen über zukünftige Fahrpläne entscheiden zu können. So können optimierte Fahrpläne entwickelt werden, die Auskunft über die Steuerung der VK geben sollen, wann also welches Kraftwerk am kostengünstigsten Energie in das Netz einspeisen kann. Die Echtzeitinformationen geben aktuelle kurzfristige Informationen im Hinblick auf z.B. Kraftwerksausfälle anderer Erzeuger oder das aktuelle Wetter an. Damit ist eine schnelle und effiziente Integration der vereinzelten Anlagen möglich.

In Bezug auf VK spielen Smart Grids eine überaus wichtige Rolle, um eben die beschriebenen Anforderungen, nämlich die Vernetzung und Kommunikation der verschiedenen dezentralen Energieanlagen, für ein VK umzusetzen. Ohne Smart Grids könnten die Stärken eines Verbundkraftwerks nicht voll ausgeschöpft werden.

3.2.2 Ausgestaltung virtueller Kraftwerke

Betreiber verfolgen mit VK unterschiedliche Ziele, woraus sich verschiedene Typen von VK ergeben. Aus unterschiedlichen Portfolios an dezentralen Energieanlagen, ergeben sich jeweils andere Risiko- und Anforderungsprofile.

Das Anforderungsprofil, welches sich aus Organisations- und Kontrollfunktionen, Know-How und Investitionsvolumen zusammensetzt, soll die Komplexität des Vorhabens darstellen. Sollen möglichst viele verschiedene Energieanlagen verknüpft und unterschiedliche Leistungen wie z.B. Regelenergie und Vermarktung am Regelenergiemarkt und an der Börse angeboten werden, ergibt sich daraus ein hohes Anforderungsprofil. Das Risikoprofil setzt sich aus Preis-, Mengen- und Anpassungsrisiko zusammen und kann auf Basis des Anforderungsprofils entwickelt werden. Somit können Risiken durch vordefinierte Anforderungen gesteuert werden. [11]

---

[11] Vgl. PWC (2010), S. 14-15.

Die nachstehenden Diagramme sollen anhand verschiedener Ausgestaltungen von VK beispielhaft unterschiedliche Anforderungs- und Risikoprofile darstellen.

Das VK 1 setzt nur auf kleinere dezentrale vernetzte Windkraftanlagen. Daraus ergibt sich folgendes Profil:

Tabelle 1: Anforderungs- und Risikoprofil des VK 1

In Anlehnung an; PWC (2010), S.14.

Hier wird deutlich, dass das Anpassungs- und das Mengenrisiko am höchsten sind. Durch die Verstromung von ausschließlich Windenergie entsteht ein hohes Risikoprofil, da die Planung für die Einspeisung sehr ungenau ist und der Betreiber schlecht auf Tage reagieren kann, an denen kein Wind in das System eingespeist werden kann. Das Preisrisiko ist bei EE durch die gesetzliche Mindestvergütung und die Abnahmepflicht gemäß EEG generell sehr gering. Das Anforderungsprofil des VK1 ist entsprechend der geringen Diversifizierung von Energieanlagen gering.

Das VK 2 setzt dabei auf mehr Differenzierung sowie der Bereitstellung von Regelleistung, woraus sich folgendes Anforderungs- und Risikoprofil ergibt:

Tabelle 2: Anforderungs- und Risikoprofil des VK 2

In Anlehnung an: PWC (2010), S. 15.

Bei dem zweiten VK wird stärker diversifiziert, wodurch sich vor allem das Risikoprofil mindert. Diese Minderung geht jedoch gleichzeitig mit dem erhöhten Anspruch an das Anforderungsprofil einher, weil die verschiedenen dezentralen Energieanlagen untereinander verknüpft und ein komplexes Monitoring entwickelt werden müsste. Um die Vermarktung von Regelenergie mit einer gleichbleibenden Frequenz bieten zu können, setzt dies weiteres Know-how und vor allem Organisations- und Kontrollfunktionen voraus.

Anhand der beiden Beispiele ist erkennbar, dass das Risikoprofil vor allem dann sinkt, wenn Synergieeffekte der dezentralen Energieanlagen genutzt werden.
Diese hohen Anforderungen können durch Smart Grids heutzutage schon umgesetzt werden. Die hohen Investitionskosten gilt es schnell durch gezielte Betriebs- bzw. Vermarktungskonzepte zu amortisieren.

4 Betriebs- und Vermarktungskonzepte virtueller Kraftwerke

VK bilden mit Smart Grids eine Zukunftstechnologie für den deutschen Strommarkt. Betreiber können wählen, wie Sie ihr Portfolio an dezentralen Energieanlagen verknüpfen und steuern. Im folgenden Kapitel wird beschrieben, welche Arten von Betriebs- bzw. Vermarktungskonzepten für VK in Frage kommen könnten. Zunächst werden verschiedene Betriebskonzepte erläutert, die zeigen sollen, was VK heutzutage und in Zukunft leisten können. Ein wichtiges Instrument im Hinblick auf die Energiewende ist vor allem die Bereitstellung von Regelenergie. Die Vermarktungskonzepte sollen zeigen, wie und über welche Wege sich der erzeugte Strom im deutschen Markt absetzen lässt und ob das VK tatsächlich als Alternative zu Großanlagen fungieren kann.

4.1 Betriebskonzepte

4.1.1 Peak Shaving

Im Strommarkt wird beim Stromverbrauch zwischen Grundlast, Mittellast und Spitzenlast unterschieden. Die regelmäßig immer anfallende Stromnachfrage wird als Grundlast bezeichnet. Die Mittellast ist zwischen der Grund- und der Spitzenlast zu definieren. In Zeiten von hoher Stromnachfrage bedarf es Kraftwerke, die kurzfristig die sog. Spitzenlast decken können. Die zu produzierende Leistung dieser flexiblen Anlagen, worunter vor allem Pumpspeicherkraftwerke und Gasturbinenkraftwerke fallen, ist gegenüber den Grundlast-, bzw. den Mittellastkraftwerken erheblich teurer, weil die Anlagen meist nur kurz an- bzw. abgefahren werden. Dadurch kommt es zu Preisausbrüchen nach oben.[12]

Der Verband kommunaler Unternehmen e.V. (VKU) und der Bundesverband der Energie- und Wasserwirtschaft (BDEW) sehen durch den steigenden Anteil an EE, die zunehmend auch die ursprünglichen Spitzenlastkraftwerke aus dem Markt drängen, eine sich fortsetzende Marktverzerrung und fordern eine Anpassung des Energiemarktdesigns.[13]

---

[12] Vgl. Amprion (2013), www.amprion.net.
[13] Vgl. BDEW und VKU (2013), S. 2.

Diese ist dadurch begründet, dass die Stromerzeugung durch EE schwer planbar ist und dadurch die Versorgungssicherheit eingeschränkt werden könnte. Hier kann das Peak Shaving mithilfe von VK helfen, diese Versorgungssicherheit in Zukunft bei gleichzeitigem Ausbau der EE zu verbessern. Dabei hilft die zentrale Steuerung der Anlagen, wodurch eine sehr kurze An- und Abfahrzeit erreicht wird und somit eine hohe Flexibilität als Stärke hervorgeht. Eine genaue Einordnung von VK in die Merit-Order, also die Einsatzreihenfolge der Kraftwerke, ist durch den meist hohen Erzeugungsmix von VK zwar nicht direkt möglich, es wird aber davon ausgegangen, dass der hohe Anteil von EE im VK insgesamt niedrigere Grenzkosten als derzeitige konventionelle Kraftwerke aufweist. VK könnten so gesteuert werden, dass diese in Zeiten von hoher Stromnachfrage viel produzieren und bei niedriger Nachfrage abgeschaltet werden. Gesichert sind damit die Versorgungssicherheit, die Preisstabilität und gleichzeitig der Profit für den Betreiber durch die Vermarktung an der Börse mithilfe niedriger Grenzkosten.[14]

Die grafische Darstellung des Peak Shaving Konzeptes stellt auf Basis en den tatsächlichen Stromverlauf am 8. Januar 2014 in blau dar. VK könnten mithilfe genauer Steuerung die hohen Spitzenpreise, die hier am Vormittag und am frühen Abend zu sehen sind, zur Vermarktung nutzen und sich dadurch optimieren.

Abbildung 2: Peak Shaving - Konzept

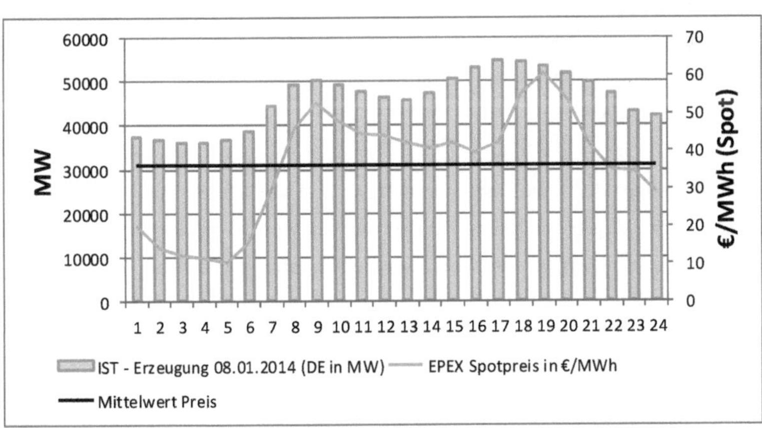

In Anlehnung an European Energy Exchange (2014), http://www.transparency.eex.com/de/.

---

[14] Vgl. PWC (2010), S. 20-23.

4.1.2 Regelleistung

Zurzeit lässt sich Strom nicht massenhaft speichern. Der mit einer Frequenz von 50 Hertz produzierte Strom muss demnach immer abgenommen werden, sodass dauerhaft ein Gleichgewicht zwischen Stromangebot und Stromnachfrage existiert.[15]

Die Übertragungsnetzbetreiber (ÜNB) haben in ihrer jeweiligen Regelzone die Aufgabe dafür zu sorgen, dass bei Schwankungen die angebotsseitig oder nachfragebedingt entstehen, ihre Regelleistung dementsprechend zu erhöhen oder zu senken. Angebotsseitig kann ein Ungleichgewicht auftreten, wenn z.B. Kraftwerke durch Schaden aus dem Netz gehen oder viele EE in das Netz eingespeist werden. Die Einspeisung EE ruft derzeit Schwankungen im Stromnetz hervor, weil diese nach gesetzlicher Regelung eingespeist werden müssen. Nachfragebedingt kann es zu einem Ungleichgewicht führen, wenn die Nachfrage sich unplanmäßig durch beispielsweise eine erhöhte Produktion erhöht, oder sie durch Produktionsausfälle von großen Industrieunternehmen sinkt.
Dieser ständige Anpassungsvorgang ist in Primärregelung, Sekundärregelung und Minutenreserve eingeteilt, auf die aufgrund des Umfangs der Arbeit nicht weiter eingegangen wird.[16]

4.1.3 Alternative zu bestehenden Großanlagen

Bestehende Großanlagen wie z.B. Kern- oder Kohlekraftwerke können bei Bedarf nach Plan und zu jeder Zeit Strom produzieren. Bisher ist diese Sicherheit bei EE noch nicht gegeben.

VK bieten jedoch durch die Verbundsteuerung und die Nutzung von Synergieeffekten genau die Möglichkeit, planmäßig zu produzieren und solche Großanlagen zu ersetzen. Zusätzlich liegen die verschiedenen dezentralen Anlagen - sofern diese EE-Anlagen sind - durch die niedrigeren Grenzpreise eines VK in der Merit-Order vor den konventionellen Anlagen. Dadurch findet eine Verdrängung dieser konventionellen Anlagen am Markt statt.[17]

---

[15] Vgl. Amprion (2013) (a), www.amprion.net.
[16] Vgl. Amprion (2013) (b), www.amprion.net.
[17] Vgl. PWC (2010), S. 24.

Solche hohe Leistungen von Großanlagen stellen in gleicher Höhe ebenfalls ein gewisses Risiko der Versorgungssicherheit dar. Kommt es zu einem Ausfall der Großanlage bzw. des Großkraftwerkes, muss die dort ausgefallene Leistung schnellstmöglich kompensiert werden, wodurch es zu großen Preisschwankungen an der Börse kommen kann. Setzt man jedoch im Vergleich zu einer bestehenden Großanlage auf ein VK mit vielen vereinzelten dezentralen Energieanlagen, die durch mehrere kleine Anlagen genauso viel Leistung bereitstellen können, so ist insgesamt das Risiko bei dieser Art umso geringer.

Dadurch wird ersichtlich, dass Betreiber Interesse an dem Konzept der zentralen Steuerung dieser dezentralen Energieanlagen in einem VK haben, wenn dezentrale Energieanlagen im Verbund die gleiche Leistung wie ein großes Kraftwerk bieten können.[18]

4.2 Vermarktungskonzepte

Die für die Vermarktung relevanten gesetzlichen Rahmenbedingungen kommen vom Kraft-Wärme-Kopplungsgesetz (KWKG) und dem Erneuerbare-Energien-Gesetz (EEG).[19]

Es gibt viele Möglichkeiten ein VK zu vermarkten. Dabei muss sich der Betreiber nicht zwangsläufig für ein Konzept entscheiden, sondern kann verschiedene Konzepte miteinander verbinden. Im Folgenden werden zwei Möglichkeiten aufgezeigt.

4.2.1 Marktprämienmodell

Im Januar 2012 wurde das EEG auch im Hinblick auf das Marktprämienmodell angepasst. Dies soll die Direktvermarktung stärken und damit auch zu einer besseren Integration und Steuerung von EE führen, um mitunter negative bzw. sehr hohe Preise an den Börsen zu vermeiden.[20]

Für VK bietet sich das Marktprämienmodell - also die Direktvermarktung - an, da weiterhin der Einspeisevorrang der EE gegeben ist und eine weitere Marktprämie

---

[18] Vgl. Arndt, U., Roon, S., Wagner, U. (2006), S. 54.
[19] Vgl. PWC (2010), S. 27.
[20] Vgl. Fraunhofer-Institut für System- und Innovationsforschung (2013), S. 6f.

aufgrund der bisher noch hohen Preisunsicherheit – mangels genauer Einspeise-prognose - gezahlt wird.[21]

Zusätzlich wird eine sog. Managementprämie gezahlt, die die ansonsten anfallen-den Strafgebühren für Anlagenbetreiber - im Falle einer Fehlprognose über Höhe und Dauer der Einspeisung – in einem Pauschalbetrag, in Abhängigkeit der Ener-gieträger, entschädigt. Kann diese Prognose sehr genau getroffen werden, eben durch den Einsatz von VK, die durch Smart Grids schnell steuerbar und einsatzbe-reit sind, sind zusätzliche Einnahmen über die Managementprämie möglich.[22]

4.2.2 Vermarktung von Regelenergie

Das mögliche Betriebskonzept der Regelenergie bietet durch die entsprechende Vergütung einen Anreiz, Leistung über den Regelenergiemarkt zu vermarkten und gleichzeitig für eine erhöhte Netzstabilität zu sorgen.

Die Vergütung ist in Leistungs- und Arbeitspreis aufzuteilen. Der Leistungspreis wird allein für das Vorhalten der Leistung bezahlt. Für diese Leistungsvorhaltung muss der entsprechende Anlagenbetreiber seine Anlage(n) in Bereitschaft halten. Kommt es zu Schwankungen im Stromnetz, muss die vorher vereinbarte Energie eingespeist werden, wodurch der Betreiber zusätzlich einen Arbeitspreis erhält.[23]

Sollte durch zu viel Strom das Netz überlastet sein, muss negative Regelenergie bereitgestellt werden. Es wird also dem Stromnetz Energie entzogen. Ist andern-falls zu wenig Strom im Netz, muss positive Regelenergie, d.h. zusätzliche Energie, eingespeist werden.[24]

Ein VK als Regelleistungskraftwerk zu vermarkten bildet demnach – durch Beach-tung des steigenden Anteils an EE und den dadurch entstehenden Schwankungen im Stromnetz - ein wichtiges und gleichzeitig für den Betreiber lukratives Betriebs-konzept.[25]

---

[21] Vgl. PWC (2010), S. 28.
[22] Vgl. NEXT Kraftwerke (2013) (a), www.next-kraftwerke.de.
[23] Vgl. NEXT Kraftwerke (2013) (b), www.next-kraftwerke.de.
[24] Vgl. Bundesnetzagentur (2013), www.bundesnetzagentur.de.
[25] Vgl. PWC (2010), S. 24-26.

5   Fazit

Die anfangs dargestellten neuen Rahmenbedingungen der Politik zielen auf ein neues Strommarktdesign in Deutschland. Durch Anreizsysteme und die Förderung für EE, hat sich der Strommarkt seit Ende der 1990er Jahre stark liberalisiert. Große EVU stehen durch das nun hohe Angebot von kleineren EVU und auch privaten Anbietern unter hohem Druck. Das bewirkt bei großen Unternehmen hohe Investitionen in EE und intelligente Netze.

Diese Entwicklungsschritte sollen die hohen Ziele wie die Reduzierung von CO_2 - Ausstößen und dem steigenden prozentualen Anteil an EE im deutschen Strommarkt ermöglichen. Ebenfalls wird eine sichere und bezahlbare Versorgungssicherheit gefordert. Mit dem steigenden Anteil an EE leidet jedoch die Versorgungssicherheit. In dieser Hinsicht fordert es eine Weiterentwicklung, um die Versorgungssicherheit in Zukunft auch mit EE zu garantieren.

Einen Entwicklungsschritt stellt auch das VK dar, welches die jeweiligen Stärken der dezentralen Energieanlagen im Verbund nutzt und die derzeitigen Schwächen von EE durch Synergieeffekte und intelligente Verknüpfung und Steuerung durch Smart Grids ausgleicht. Die untersuchten Betriebs- und Vermarktungskonzepte könnten in Zukunft virtuelle Kraftwerke übernehmen und bestehende Großanlagen ablösen. Garantierte Einspeisevergütungen von EE und zusätzliche Prämien machen den Betrieb von VK lukrativ. Zusätzlich würde z.B. mit der Vermarktung von Regelleistung das Stromangebot mit EE geglättet, wodurch große Schwankungen im Stromnetz - die zu einem Blackout führen könnten - vermieden werden.

Für ein solches Szenario muss die Entwicklung in Bezug auf EE vorangetrieben werden. Es gilt, noch mehr Kontroll- und Steuerungsmöglichkeiten über die dezentralen Energieanlagen zu entwickeln, um planbar in Zeiten von hohen Preisen Strom zu erzeugen und im Falle von negativen Preisen die Stromproduktion nach unten zu fahren.

Setzen sich diese technischen Fortschritte durch, bieten VK durch den entsprechenden Mix an dezentralen Energieanlagen, eine zukunftsorientierte Lösung für den deutschen Strommarkt im Hinblick auf das Energiepolitische Dreieck.

Literaturverzeichnis

Arndt, U., Roon, S., Wagner, U. (2006): Virtuelle Kraftwerke: Theorie oder Realität, in: BWK – Das Energie-Fachmagazin, Nummer 6/2006, S.52ff.

Brasche, U (2008): Europäische Integration: Wirtschaft, Erweiterung und regionale Effekte, 2. Aufl., München 2008.

Bundesverband der Energie- und Wasserwirtschaft e.V. (Hrsg.) (2011): Smart Grids – auf dem Weg zu einem zukunftsfähigem Markt- und Regullierungsdesign, Berlin 2011.

Bundesverband der Energie- und Wasserwirtschaft e.V. und VKU Verbund kommunaler Unternehmen e.V. (Hrsg.) (2013): Gemeinsame Positionen zum Marktdesign der Zukunft, Berlin 2013.

Fraunhofer-Institut für System- und Innovationsforschung (Hrsg.) (2013): Nutzenwirkung der Marktprämie Erste Ergebnisse im Rahmen des Projekts „Laufende Evaluierung der Direktvermarktung von Strom aus Erneuerbaren Energien" gefördert durch das Bundesministerium für Umwelt, Naturschutz und Reaktorsicherheit, Karlsruhe 2013.

Fraunhofer Institut für Windenergie und Energiesystemtechnik (Hrsg.) (2012): Implementierung einer IKT Infrastruktur für ein virtuelles Kraftwerk in der Modellregion Harz, München 2012.

Kaltschmitt, M., Streicher, W., Wiese (2006): Erneuerbare Energien Systemtechnik, Wirtschaftlichkeit, Umweltaspekte, 4. Auflage, Berlin 2006.

Kamper, A. (2009): Dezentrales Lastmanagement zum Ausgleich Kurzfristiger Abweichungen im Stromnetz, Diss. Karlsruher Institut für Technologie 2009.

Karl, J. (2006): Dezentrale Energiesysteme: Neue Technologien im liberalisierten Energiemarkt, 2. Auflage, München.

PricewaterhouseCoopers   Aktiengesellschaft   Wirtschaftsprüfungsgesellschaft (Hrsg.) (2010): Virtuelle Kraftwerke als wirkungsvolles Instrument für die Energiewende, Frankfurt am Main 2010.

Ridder, N. (2003): Öffentliche Energieversorgungsunternehmen im Wandel Wettbewerbsstrategien im liberalisierten deutschen Strommarkt, Marburg 2003.
Verband der Elektrotechnik (Hrsg.) (2007): Dezentrale Energieversorgung 2020, Frankfurt 2007.

Verband der Elektrotechnik (Hrsg.) (2013): Marktintegration erneuerbarer Energien, Frankfurt am Main 2013.

Rechtsquellenverzeichnis

EnWG (2011): Energiewirtschaftsgesetz vom 07.07.2005 (BGBl. I S. 1970, ber. 3621) mit allen späteren Änderungen in der Fassung vom 04.10.2013, in BGBl. I, S. 3746.

Internetquellen

Amprion (2013) (a): Grundlast, Mittellast, Spitzenlast, in:
http://amprion.net/grundlast-mittellast-spitzenlast (29.12.2013).

Amprion (2013) (b): Regelenergie, in:
http://amprion.net/regelenergie (29.12.2013).

Bundesnetzagentur (2013): Regelenergie, in:
http://www.bundesnetzagentur.de/DE/Sachgebiete/ElektrizitaetundGas/Unternehm
en_Institutionen/Versorgungssicherheit/Stromnetze/Engpassmanagement/Regelen
ergie/regelenergie-node.html (07.01.2014).

Bundesverband der Energie- und Wasserwirtschaft e.V (2011): Kommission setzt
bei "Smart Grids" richtige Akzente, in:
http://www.bdew.de/internet.nsf/id/DE_20110412-PM-Kommission-setzt-bei-Smart-
Grids-richtige-Akzente (26.12.2013).

European Energy Exchange (2014): Tatsächliche Produktion von Erzeugungsein-
heiten, in:
http://www.transparency.eex.com/de/daten_uebertragungsnetzbetreiber/stromerze
ugung/tatsaechliche-produktion-von-
erzeugungseinheiten%20%E2%89%A5%20100%20MW (12.01.2014)

NEXT Kraftwerke (2013) (a): Managementprämie, in:
http://www.next-kraftwerke.de/wissen/direktvermarktung/managementpraemie
(07.01.2014).

NEXT Kraftwerke (2013) (b): Regelenergie, in:
http://www.next-kraftwerke.de/wissen/regelenergie (07.01.2014).

RP-Energie-Lexikon (2013): Dezentrale Energieerzeugung, in:
http://www.energie-lexikon.info/dezentrale_energieerzeugung.html (27.12.2013).